# RÉFLEXIONS

SUR

## L'ÉTAT DES CONNAISSANCES RELATIVES

AU

# COURS DU DHIOLIBA

VULGAIREMENT APPELÉ NIGER;

SUIVIES D'UN EXTRAIT

DU

## SECOND VOYAGE DE CLAPPERTON EN AFRIQUE,

Avec des Remarques sur ce Voyage, ainsi que sur la mort du major LAING;

LUES A L'ACADÉMIE ROYALE DES INSCRIPTIONS ET BELLES LETTRES,
ET A LA SOCIÉTÉ DE GÉOGRAPHIE, LE 6 FÉVRIER 1829,

### PAR M. JOMARD.

---

## PARIS,

BAT, IMPRIMEUR DE LA SOCIÉTÉ DE GÉOGRAPHIE,

RUE DU CADRAN, Nº 16.

—

### 1829.

# RÉFLEXIONS

SUR

## L'ÉTAT DES CONNAISSANCES

RELATIVES AU

# COURS DU DHIOLIBA

## VULGAIREMENT APPELÉ NIGER.

ÉVERAT, Imprimeur, rue du Cadran, N° 16.

# RÉFLEXIONS



SUR

L'ÉTAT DES CONNAISSANCES RELATIVES

AU

# COURS DU DHIOLIBA

VULGAIRÉMENT APPELÉ NIGER;

SUIVIES D'UN EXTRAIT

DU

## SECOND VOYAGE DE CLAPPERTON EN AFRIQUE,

Avec des Remarques sur ce Voyage, ainsi que sur la mort du major LAING;

LUES A L'ACADÉMIE ROYALE DES INSCRIPTIONS ET BELLES LETTRES,
ET A LA SOCIÉTÉ DE GÉOGRAPHIE, LE 6 FÉVRIER 1829,

## PAR M. JOMARD.

***

# PARIS,

ÉVERAT, IMPRIMEUR DE LA SOCIÉTÉ DE GÉOGRAPHIE,

RUE DU CADRAN, N° 16.

—

**1829.**

# RÉFLEXIONS

SUR

## L'ÉTAT DES CONNAISSANCES RELATIVES

AU

# COURS DU DHIOLIBA

VULGAIREMENT APPELÉ NIGER ;

SUIVIES

## D'UN EXTRAIT DU SECOND VOYAGE DE CLAPPERTON

### EN AFRIQUE ,

Avec des Remarques sur ce Voyage, ainsi que sur la mort du Major LAING ;

LUES A L'ACADÉMIE ROYALE DES INSCRIPTIONS ET BELLES LETTRES,
ET A LA SOCIÉTÉ DE GÉOGRAPHIE,

*Le 6 Février 1829.*

---

Tous les renseignemens qu'on possède jusqu'ici sur le cours du Dhiolibâ, examinés et discutés avec cette attention rigoureuse que demande l'état actuel de la science géographique, sont loin d'être assez complets, assez bien liés pour donner la solution du problème relatif à l'issue de ce grand fleuve. Non-seulement, on ne peut prononcer, selon moi, sur aucune des hypothèses que les géographes ont adoptées et rejetées successivement; mais encore il est constant qu'il y a discontinuité entre les renseignemens ou les informations, et par conséquent, inconsistance entre les déductions qu'on en a tirées. Les principales suppositions, plus ou moins probables, qui peuvent être soutenues sur ce que devient le Dhiolibâ,

5

après avoir atteint les environs de la ville de Temboctou, se réduisent à trois, ce sont les suivantes : 1° il revient au Sud, au Sud-Est et au Sud-Sud-Est, et se jette ensuite dans le golfe de Benin; 2° après avoir pris les deux premières directions, il va droit à l'Est, et se mêle au Shary; 3° il se porte presque directement à l'E.-S.-E. en quittant Temboctou, puis il se confond avec l'Yeou, pour finir dans le grand lac de Tchad ou mer centrale de l'Afrique (soit que ce lac ait ou n'ait pas d'écoulement, question tout-à-fait distincte) (1). Il est à peine nécessaire de mentionner l'ancienne supposition de la chute du Dhiolibâ dans le Congo, aujourd'hui abandonnée, ou même celle de son issue dans le rio Volta qu'a préférée jusqu'à la fin le major Laing, contre l'avis de Clapperton et contre toutes les autres opinions. Mais, comme je l'ai dit, loin qu'on puisse démontrer l'une ou l'autre de ces hypothèses, on n'est pas en état d'avoir une opinion certaine sur le cours du Dhiolibâ, à 10 lieues au-dessous de Temboctou. Je vais faire la recherche des seuls faits positifs dont les géographes soient en possession jusqu'à présent : ces faits ne tarderont pas sans doute à s'étendre ; mais le temps est encore éloigné où ils seront assez multipliés, et les lieux d'observations assez rapprochés, pour établir une liaison entre toutes les découvertes, et pour être en état de tracer une ligne continue et suivie, de la source à l'embouchure du grand fleuve de l'Afrique centrale.

En 1822, le major Laing préludait à son grand voyage de l'intérieur, par la découverte des pays de Kouranko et de Soulimana. C'est sans doute parce qu'il eut la gloire d'assigner le premier la source du Dhiolibâ que son courage le porta, plus tard, à tenter une entreprise plus hardie, à rejoindre le fleuve à Temboctou par la route du Nord, et à le suivre aussi loin que possible. Ainsi le même homme aurait été en possession de presque tout l'honneur de la découverte,

---

(1) Voy. *Mém. sur la communication du Nil des Noirs ou Niger avec le Nil d'Egypte*, Paris, 1825.

qu'il n'aurait partagé qu'avec Mungo-Park. A la vérité, entre la source et le point de Bammakou, le premier dont celui-ci avait eu connaissance, il restait un assez long intervalle : mais cette lacune, de 3° ½ environ, était la moins importante ; et d'ailleurs, dans le même temps, une découverte entièrement inattendue se préparait ; un jeune voyageur français, M. R. Caillé, non moins intrépide et plus heureux, se disposait à combler la lacune, en suivant une route différente et tout-à-fait neuve.

Parvenu à la source de la Rokelle, dans les sommités du pays de Soulimana, le major Laing observa la hauteur du soleil, et détermina la position du lieu. De ce point, il aperçut à peu de dissance, la montagne de Loma où le Dhiolibâ prend sa source. Il ne lui fut pas difficile de déterminer aussi, par rapport au point où il se trouvait, la situation de cette montagne, alors inaccessible pour lui. Le calcul lui donna pour la latitude Nord de la source 9° 15' ; pour la longitude à l'Occident de Paris, 11° 56' ; pour la hauteur absolue au-dessus de la mer, 485 mètres environ (1,600 pieds anglais).

Nous voyons par la route de M. René Caillé qu'il a traversé le Dhiolibâ en allant à Timé. Sa route était E.-S.-E. de Timbo : le point de la traversée ne paraît pas éloigné du 10° 15' N. latitude, du 11° 45' longitude O. Le niveau élevé du lieu, le sol tout montagneux, des points si rapprochés entre eux, le nom commun du fleuve, la grande largeur et l'importance du courant, ne laissent pas de place à l'incertitude sur l'identité du fleuve qu'il a franchi, avec le Dhiolibâ. Voilà donc deux points dont la position est assurée. Il en est de même de Bammakou, Yamina, Ségo, Sansanding, Jenné, le lac Debbo, Kabra ; non pas que l'on connaisse aussi bien la longitude de ces divers endroits, mais il n'y a pas de doute qu'ils soient placés sur le même fleuve, et qu'ils appartiennent à un même courant.

Mais si les géographes peuvent regarder cette continuité de cours comme hors de toute contestation, on ne sait rien sur les affluens ou sur les embranchemens du fleuve dans le même espace.

Ainsi , dans le cas où un bras oriental sortirait de son lit , soit entre Kankan et Bammakou , soit entre Bammakou et Sansanding , on n'en aurait pu avoir jusqu'à présent aucune connaissance ; et cette circonstance géographique serait pourtant de quelque importance pour expliquer l'existence du courant qui s'écoule à Boussa et Funda, vers le 4ᵉ deg. longit. E., fait qui résulte des dernières découvertes de Clapperton (ce courant est celui que les naturels appellent *Quorra* (1). Par exemple, si cette branche orientale se séparait de la principale branche du fleuve , vers Bammakou , l'invraisemblance diminuerait considérablement ; je reviendrai bientôt sur cette question, que je regarde comme capitale.

Si au-delà du méridien de Kabra on porte ses regards vers l'Est, on reconnaît que tout est ignoré, et que l'on ne sait rien si ce n'est ce que le guide Amadi-Fatouma, qui ne fut pas même témoin de la mort de Park, a rapporté ; mais son récit, qui jusqu'à présent a été le seul fanal des géographes , au milieu des ténèbres où ils sont encore plongés, n'est qu'une lumière incertaine , quant à l'époque de l'événement et au lieu qui en fut le théâtre. Ce n'est peut-être pas que ce guide ait trompé sciemment le gouverneur de Sierra-Leone, mais son récit était obscur, et l'on n'a pas sans doute compris ses dépositions (2).

Boussa est le point où, dit-il, le voyageur anglais a péri avec son compatriote Martyn et les Africains embarqués avec eux. Ce lieu est voisin de Temboctou, d'après les termes de la relation. Si l'on connaissait l'exacte position de ce lieu de Boussa, et si le voya-

---

(1) Mais ce mot est générique aussi, et il veut dire encore *grande eau.* J'insiste sur cette multitude de termes synonymes qui mettent en défaut les critiques et les voyageurs (voir ci-dessous, et le mémoire cité plus haut.) Ainsi la confusion amenée par les mots Nyl et Bahr, se reproduit de nouveau dans le mot Quorra.

(2) Voy. *Account of the live of Mungo Park* , p. LXXXiii et LXXXVI, *in the journal of a mission to the interior of Africa in the year* 1805.

geur y est parvenu sur la même barque que celle qui l'a amené depuis Sansanding, l'on posséderait évidemment un point de plus du cours du Dhiolibâ; mais aucune distance n'est donnée par Amadi-Fatouma. Le rédacteur de la carte du second voyage de Park a placé à l'Est de Kabra six positions seulement, les seules en effet nommées par le guide dans sa relation. Boussa qui est la sixième et *dernière*, se trouve ainsi placée à 1° 1/4 seulement à l'E. de Temboctou. C'est là, selon eux, que Mungo-Park aurait succombé aux poursuites d'une multitude fanatique, irritée de son opiniâtreté et de son langage imprudent. Peut-être a-t-on rapproché trop les positions dont il s'agit; mais quand on en doublerait la distance, on n'arriverait dans l'Est qu'à 2° 1/2 du méridien de Kabra. Quelle distance encore à parcourir pour arriver aux pays de Koubbi, d'Youri, de Nyffé et de Funda?

Cependant l'opinion qui semble prendre faveur est que le courant dont Clapperton, dans son premier voyage, avait entendu parler à Sakkatou, est le Quorra; et que le Quorra qu'il a vu, en 1826 à son second voyage, au-dessous de la ville de Wawa, est encore le même fleuve, et par conséquent, identique avec le Dhiolibâ. Clapperton paraît bien être arrivé sur le lieu même où Park a péri : du moins tout ce qu'il rapporte sur le Boussa qu'il a vu, (quoique placé à 7 ou 8 degrés, tant vers le Sud que vers l'Est de Temboctou) semble en prouver l'identité avec l'endroit dont parlait Amadi : on y retrouve le nom du lieu, l'île, les rochers dans le fleuve, le courant rapide, etc. Cependant Clapperton se tait sur le rocher ouvert en forme de porte, et servant de passage à l'eau, suivant Amadi (si toutefois le fait existe). Mais est-il autant démontré que Park n'a pas changé d'embarcation (1)? Les omissions étonnantes de son guide sur tous les lieux qu'ils traversèrent depuis Temboctou

---

(1) Les barques vues par Clapperton sur le Quorra, ne ressemblent point à celles du Dhiolibâ que décrit M. Caillé. A la vérité, les gens de Boussa parlent du bâtiment chaviré de manière à reconnaître le double canot que montait Mungo-Park.

font concevoir et expliquent l'omission de cette circonstance, surtout dans un récit dépourvu de détails, et même de toute espèce de dates ou de comptes de journées. Ajoutons que dans ce même récit, Boussa est placé dans le royaume de Houssa, près des frontières, tandis que le lieu visité par Clapperton est près d'Youri.

Que le Quorra continue, après Eyeo ou Katonga, de se diriger vers le Sud, c'est ce qui paraît vraisemblable par la dernière excursion de Clapperton ; mais jusqu'où? on l'ignore. Si les rapports des habitans le prolongent au Sud jusqu'à Funda, vers le 8e degré latit. Nord, rien ne prouve le fait jusqu'à présent, et encore moins qu'après Funda, il va rejoindre la rivière de Benin.

Apparemment convaincu de la réalité de cette dernière supposition, le rédacteur de la carte du dernier voyage de Clapperton et de Lander, a prolongé extrêmement loin dans le Nord nos connaissances sur la rivière de Benin ou de Formose; et il a, par une singulière préoccupation, placé la ville de Benin vers 7° ¹/₂ de latitude, en se fondant sur l'opinion de Dapper, et afin de rapprocher les limites des connaissances. Cependant Benin n'a pas une latitude plus élevée que 6° 12' environ. Il faudrait être bien persuadé de la *nécessité* de faire écouler le Quorra dans le golfe de Benin pour joindre par une seule ligne de courant d'eau deux points aussi éloignés que Benin et la province d'Youri.

Je ne prétends pas par ces réflexions nier qu'il en soit ainsi : seulement j'observe qu'il y a entre ces deux provinces une épaisse chaîne de montagnes primitives, sans doute à plusieurs étages. Là où l'on en a mesuré la hauteur, elle a 2,500 p^{ds}. anglais; et peut-être est-elle plus élevée ailleurs. Sa largeur est de plus de 28 lieues ; or nous avons vu que le Dhiolibâ prend sa source à 1600 pds. seulement de hauteur. Arrivé si loin de son origine et si près de la mer, il faudrait que la montagne fût entièrement ouverte jusqu'à sa base, et qu'il s'écoulât dans un vallon, profond de 2,000 à 2,500 pieds.

La carte du nouveau voyage nous fait connaître une rivière de Moussa, traversée par Clapperton à Namah et Bori, vue encore par lui à Eyeo , et se jetant dans le Quorra d'après les rapports des gens du pays; enfin elle vient de l'O.-N.-O. ; peut-être est-ce là l'embranchement du Dhiolibâ, dont j'ai parlé seulement comme hypothétique ; s'il en est ainsi , ne suffirait-il pas pour expliquer le récit qui fait du Dhiolibâ et du Quorra une même rivière? Par là une grande difficulté serait levée : c'est à savoir la longueur immense du cours du Dhiolibâ, ses contours et ses retours sur lui-même, et son défaut de pente, etc. ; quant au Quorra d'Youri, il descendrait du revers méridional des montagnes de Houssa.

A l'égard de la branche maîtresse du Dhiolibâ, il est constant qu'elle prend son cours à l'Est et à l'Est-Sud-Est, en partant de Temboctou ou plutôt de Kabra : quel obstacle l'empêcherait de continuer jusqu'à l'Yeou? Jusqu'à présent l'on n'en connaît aucun positivement; c'est ce qu'on admettra, si l'on veut considérer sur les cartes récentes la position des lieux (1). Ici je suis obligé de rappeler que le docteur Oudney et Clapperton ont quitté l'Yeou , qu'ils avaient d'abord suivi en venant de Bornou, et que la rivière Shashun, qui s'y jette, en est l'affluent et non pas la source ; l'origine de l'Yeou ( appelé lui-même *Zad* et *Tsad*, ce qui est assez remarquable ) est encore à découvrir. Je n'insiste pas sur cette remarque, déjà reproduite ailleurs plusieurs fois.

Le lac Tsad ou Tchad serait donc au moins l'une des issues du Dhiolibâ, de son courant principal : bien des considérations pourraient être offertes à l'appui de cette idée assez probable, qui paraît répondre à bien des conditions, et même rendre compte de tous les faits , et que vient corroborer le témoignage de Hornemann (2); mais il ne

---

(1) Temboctou doit avoir sa latitude entre 16 et 17° Nord ; Kabra est à 5 milles au Sud ; à ce dernier point sont deux bras, un grand et un plus petit ; l'un se porte à l'E.-N.-E., l'autre à l'E.-S.-E., et ils se rejoignent à une distance qui n'est pas connue.

(2) Savoir que la rivière vue par M. Park court à l'Est dans le Bornou, où elle prend le nom de Zad, et que dans quelques lieux du Houssa elle est appelée Gaora (Quorra) ou la grande eau.

faut pas entrer dans le champ des conjectures, après avoir attaqué des idées systématiques ; et l'on doit rester dans les limites d'un doute circonspect, jusqu'à ce que les voyageurs aient observé tout le pays au Nord de Houssa, Goubir et Kachnah.

Restera l'hypothèse qui après avoir conduit le Dhiolibâ jusqu'au royaume d'Youri, le fait tourner brusquement à l'Est, le continue ainsi pendant 200 à 250 lieues *en ligne droite*, et le rejoint au Shary ; mais cet immense cours du Shary, depuis Jacoba jusqu'auprès de Loggun, n'est pas moins inexplicable dans un tel pays de montagnes, où il faudra pour ainsi dire que l'imagination le soutienne de niveau à cette élévation, pour qu'il entre dans le lac central. Le contraire serait plus probable, savoir : que de la grande chaîne granitique et de sa pente méridionale sort un courant dirigé de l'Est à l'Ouest, et que c'est cette rivière qui passe à Jacoba et à Adamowa, loin d'être une rivière coulant de l'Occident (1).

Je ne crois pas pouvoir ajouter plus d'intérêt à ces remarques sur le cours des rivières de l'Afrique centrale, qu'en faisant connaître ici les résultats du deuxième voyage de Clapperton (2). L'ouvrage n'étant point encore en France, j'emprunterai à un recueil littéraire anglais (3) une partie de l'analyse de cette relation, en conservant quelques unes des réflexions propres à l'auteur de l'article ; et je les ferai suivre de plusieurs remarques.

———————

Clapperton, peu après son arrivée à Londres, reçut de lord Bathurst des instructions pour retourner en Afrique, par le golfe de Benin. Il partit, emmenant avec lui le capitaine Pearce, bon

---

(1) Cette dernière opinion n'est pas une pure hypothèse, puisque selon Lander coule, près de Jacoba, une rivière appelée *Shar* ou *Shari, tirant sa source* du lac Tchad, et que cette rivière Shary se jette dans le Quorra à Funda.

(2) Journal of a second expedition into the interior of Africa, from the bight of Benin to Soccatoo by the late captain Clapperton, (with) the journal of Richard Lander, from Kano to the sea coast. London, 4° 1829.

(3) Quarterly Review, janvier 1829, n° 77.

dessinateur, et le docteur Morrison, chirurgien, tous deux de la marine royale, ainsi que le chirurgien Dickson qui avait servi dans les Indes Orientales. Partis le 25 août 1825, ils arrivèrent à Whidah, sur la côte de Benin, le 26 de novembre suivant. Là ils n'apprirent aucune nouvelle des envoyés du sultan Bello, qui devaient s'y trouver, ni des villes de Funda et de Raka, lieux inconnus sur toute la côte ; ces lieux sont en effet à 200 milles dans l'intérieur ; Raka n'est point sur les bords d'une rivière ; enfin ni l'un ni l'autre ne sont sous la domination de Bello.

Le 7 décembre ils partirent de Badagry, avec un noir de Houssa, appelé Pascoe, ancien interprète de feu Belzoni. Les voyageurs commirent l'imprudence, dans un pays marécageux, de passer deux nuits en plein air. Dès le 12 du mois le docteur Morrison prit la fièvre ; le capitaine Pearce, le lendemain, et ensuite Lander, serviteur de Clapperton. Les deux premiers moururent le même jour (le 17 décembre), à Jannah. Clapperton, qui avait apprécié leurs qualités et leur mérite, déplora vivement leur perte ; lui-même fut pris de la fièvre. Quant à Dickson, il partit seul pour Youri, et l'on ignore ce qu'il est devenu. Le pays entre Badagry et Jannah est peuplé, fertile, bien cultivé, abondant en toutes sortes de fruits, tels que les oranges, bananes, etc. Les habitans en sont accorts et bienveillans. Plusieurs villes de la contrée ont de 8 à 15 mille habitans ; le gouvernement est régulier ; l'ordre règne dans les villes et les villages ; l'honnêteté, la probité dans les transactions distinguent les habitans ; ils ont d'assez bons métiers à tisser ; leur indigo est excellent, et leurs poteries sont passables. La description du pays, des mœurs et des usages donne lieu à des remarques intéressantes de Clapperton. Quand ils apprirent qu'un Anglais n'avait qu'une femme, le Caboceer (1) ou chef de Jannah et tous ses gens, surtout ses femmes, se mirent à rire immodérément.

Ils arrivèrent bientôt à la chaîne de montagnes, qui traverse tout

______

(1) On conserve dans cet extrait l'orthographe anglaise des noms.

le pays , aux frontières du Yoorriba. Le granit se montre à Afoora ; Assoula peut contenir 6,000 habitans ; Assoudah environ 10,000 ; la largeur de la chaîne est d'à peu près 80 milles. Le plus haut point ne paraissait pas excéder 2,500 pieds d'élévation dans la partie où les voyageurs l'ont franchie, et la route, pas plus de 1,500. On dit que Duffoo a 15,000 habitans, Chiadoo 7,000. La plus haute sommité est entre Erawa et Chaki. La ville de Koosoo, au nord de la chaîne , est la plus grande que notre voyageur eût encore vue, elle est supposée avoir 20,000 habitans ; ensuite il vit Yaboo, autre grande ville , puis Ensoo-Koosoo, et une plaine habitée par nombre de Fellâtah , menant une vie pastorale. De là, jusqu'à la capitale de Yoorriba, qui est nommée Eyeo ou Katonga, beaucoup de villages sont déserts et ruinés par les incursions des *Fellatâh guerriers* de Soccatoo. Katonga est située sur un des sommets de la chaîne de granit ; sa position est délicieuse. On y a l'usage de se prosterner devant le roi , exactement de la même manière que *dans le céleste empire ;* l'analogie est complète et frappante , et le cérémonial ne diffère pas de celui que lord Amerst a décrit dans la relation de son ambassade en Chine. Les voyageurs assistèrent à toutes sortes de jeux et de représentations scéniques, dans lesquelles les personnages se déguisent sous la forme de serpens et sous toutes sortes de figures fantastiques. Dans une fête décrite par Clapperton, on voit paraître un *diable blanc*, ayant la figure humaine, mais de mine très-misérable , prenant du tabac et présentant l'aspect le plus burlesque. Sa Majesté demandait souvent à Clapperton s'il trouvait le personnage blanc bien joué.

Katonga est le nom que porte la ville de Eyeo dans la langue de Haoussa : elle a 15 milles de tour, et dix portes, ornées de bas-reliefs. Le pays a une foule d'animaux et produit toutes sortes de fruits, tels que des oranges, des limons et même des poires et des pommes. On trouve dans les marchés du rhum, du tabac, des habits européens, etc. Les traits des gens d'Yoorriba sont plus éloignés du caractère nègre que ceux des habitans de Badagry , la lèvre est moins épaisse, et le nez presque aquilin. Kiama est une ville de Borgo, c'est là que M. Houtson prit congé de Clapperton pour retourner à la côte, où bientôt il mourut. Clapperton continua et traversa la rivière de Moussa, courant considérable, qui tombe dans le Quorra. Rien n'est plus extraordinaire que la suite du sultan de Kiama ; ses coureurs sont autant de jeunes filles de quinze à dix-sept ans, entièrement nues, à l'exception d'un bandeau blanc sur le front et d'un collier sur le sein : chacune porte trois lances dans la main, elles se tiennent auprès du sultan et courent comme lui quand il lance son cheval au galop.

Kiama est estimée contenir au moins 3o,ooo habitans. Clapperton y fut très-bien reçu ainsi qu'à Wawa, il se trouvait alors tout près de cette partie du Quorra où a péri Mungo-Park ; on lui dit que le sultan de Boussa avait retiré de sa barque des livres et des trésors, et que les viandes qu'on y avait trouvées ayant été mangées par le peuple, tous en moururent, parce que c'était de la chair humaine.

( Je passe sous silence l'histoire d'une riche veuve de vingt ans, qui s'attachait à la personne du voyageur avec une persévérance incroyable, et plus tard à son serviteur Lander.

Wawa a 18 ou 20,000 habitans. Clapperton s'avança de là jusqu'à Koolfu. Boussa est située sur une île formée par deux branches du Quorra ; la plus petite et la plus occidentale est nommée Menaï ; le sultan dit à Clapperton qu'il ne restait rien des livres et des papiers de Mungo-Park, qu'ils étaient tous passés dans les mains des docteurs ; quand on le pressait à cet égard, il paraissait très-mal à son aise ; cependant il raconta que le dernier iman de Boussa, Fellâtah de nation, avait eu en sa possession les livres et les papiers, mais qu'il avait quitté Boussa depuis quelque temps.

Un peu au-dessous de cet endroit, la rivière a une chute de 3 à 4 pieds ; là, et encore plus loin, toutes les branches réunies du Quorra n'ont pas plus que les trois quarts de la largeur de la Tamise, à Sommerset-House. Un envoyé du roi d'Youri dit à Clapperton que le roi lui avait montré deux livres, grands et imprimés, ayant appartenu aux hommes blancs qui avaient péri dans la barque à Boussa ; qu'un marchand de Bornou en avait offert 150 mitkalls d'or , de la part d'un chrétien ; Clapperton demanda si c'était des livres comme son journal ( qu'il montra au messager ) ; celui-ci répondit qu'il y en avait un , que son maître l'avait donné à un marchand arabe, dix ans auparavant ; mais que le marchand avait été tué par les Fellâtah sur la route de Kano , et il ne savait pas ce que ce livre était devenu depuis.

Un Fezzanien , que Clapperton avait envoyé au roi d'Youri, pour s'enquérir des livres et papiers de Mungo-Park , lui rapporta le récit suivant : Que le voyageur n'avait reçu aucun mauvais traitement dans le pays d'Youri, que c'étaient les gens de Boussa qui l'avaient tué et avaient pris toutes ses richesses ; que les livres en sa possession lui avaient été donnés par l'iman de Boussa , que personne n'avait échappé , etc. ; enfin que le sultan avait un fusil à deux coups, une épée et deux livres qui avaient appartenu aux gens de la barque , et qu'il donnerait les livres à Clapperton , s'il allait lui-même à Youri.

Voici l'extrait d'un autre rapport d'un témoin oculaire : Le sultan de Boussa ayant appris que la barque contenait des hommes blancs , les fit attaquer et tuer par ses gens, et par ceux des villes voisines, les regardant comme l'avant-garde de l'armée Fellâtah, qui ravageait alors le Soudan, sous le commandement de Mallem Danfodio , père de Bello ; il y avait deux blancs et deux noirs dans la barque, on y trouva de grands trésors ; tous ceux qui mangèrent de la viande qui y était moururent. Clapperton regarde ce récit comme le plus exact de tous ceux qu'il a recueillis. Il y a donc encore une chance pour que le journal de Park soit retrouvé. Il fait remarquer le changement survenu dans les dispositions des habitans de Boussa, puisque leur accueil et l'amitié du roi ont été pour lui d'un grand secours. Ce récit est en effet beaucoup plus probable que les autres, et corrobore l'histoire qu'Isaaco a recueillie d'Amadi-Fatima.

Au passage du fleuve à Komie, Clapperton traversa le Quorra, le trouva large d'un quart de mille, faisant deux milles à l'heure, et profond de 10 à 15 pieds. Les canots avaient 20 pieds de long et 2 de large (1). Il était alors dans la province de Nyffé, pays bien cultivé et peuplé de forgerons ; chaque village a trois ou quatre boutiques de cette espèce. Les maisons sont peintes de figures d'hommes, de serpens, de crocodiles et de tortues ; Koolfa est un marché central, où les marchands se rendent de toutes les parties du Soudan et de l'Afrique Occidentale ; la ville a quatre portes et peut contenir 12 à 15,000 habitans. Zaria, capitale du Zegzeg, est une grande ville, habitée presqu'entièrement par les Fellâtahs, et qui passe pour être plus populeuse que celle de Kano, laquelle est estimée, par Clapperton, contenir de 30 à 40,000 habitans. Tout le pays, jusqu'à Kano, est remarquable par sa beauté et sa fertilité. Clapperton entra dans cette dernière ville le 20 juillet 1826.

Le sultan Bello était alors devant Koonia, capitale de Goubir, occupé à en faire le siége. Bello accueillit assez bien Clapperton, et lui donna rendez-vous à Soccatoo, pour recevoir la lettre et les présens du roi d'Angleterre. (Ici vient le récit de l'attaque, où l'on prétend qu'il n'y avait pas moins de 50 à 60,000 combattans, à pied ou à cheval (2).

Clapperton partit pour Soccatoo, où l'on avait préparé, pour sa réception, la maison même qu'il avait habitée deux ans auparavant : il y résida, ainsi que dans le voisinage, pendant près de six mois, et recueillit beaucoup de renseignemens sur la première irruption des Fellâtahs ou Foulahs du Fouta-Torra, du Fouta-Jella (3), etc.

---

(1) Ces barques n'ont aucune espèce de rapport avec les grandes embarcations que M. Caillé nous a appris exister sur le Dhiolibâ, entre Jenné et Temboctou.

(2) Ce rapport paraîtra un peu exagéré, comparé du moins à la population de la Sénégambie.

(3) Sans doute Fouta-Toro, Fouta Diallon.

Quelques jours après son arrivée, il reçut la visite de Sidy-Cheykh, l'un des secrétaires de Bello, qui lui dit que lors de son premier voyage le cheykh de Bornou avait écrit à Bello pour lui conseiller de le mettre à mort. Clapperton observa que la chose était fort extraordinaire, puisqu'il avait reçu du cheykh un accueil si obligeant, jusqu'au dernier moment, et il insista pour voir la lettre. Le sultan dit lui-même qu'une telle lettre avait certainement été écrite avec l'agrément du cheykh par Haggy Mohammed, ajoutant que les Anglais avaient pris possession de l'Inde en venant d'abord par un et deux, jusqu'à ce qu'ils fussent assez forts pour s'emparer de tout le pays.

Ensuite le sultan ordonna qu'on fît venir de Kano à Soccatoo le serviteur de Clapperton avec tout le bagage, et bientôt tout le bagage fut saisi, sous prétexte que Clapperton portait des fusils et des munitions de guerre au sultan de Bornou; enfin il ordonna que la lettre de lord Bathurst, adressée au cheykh de Bornou, lui fût remise. Cette conduite du sultan produisit un tel effet sur l'esprit de Clapperton que, depuis cet instant, Richard Lander ne le vit plus sourire une seule fois. Il remontra au gadado que la conduite de Bello n'était pas celle d'un *prince des fidèles*, qu'il avait manqué à sa foi, etc..... Le gadado l'assura alors que ce n'était pas seulement le cheykh, mais encore deux Haggy de Tripoli qui avaient écrit des lettres à Bello, le dénonçant comme un espion, et observant que les Anglais avaient envie de traiter l'Afrique comme ils avaient fait de l'Inde. Après la défaite totale de l'armée de Bornou, le sultan reprit sa bonne humeur, et sa première conduite envers Clapperton, recherchant avec lui le moyen le plus sûr pour son retour en Angleterre. Mais il était trop tard, la santé de Clapperton ne s'était pas rétablie depuis la nuit fatale, passée sur les bords d'un fossé marécageux, et surtout son courage l'avait abandonné à la suite d'un traitement aussi inattendu et aussi peu généreux. C'est vers ce temps (le 12 de mars 1826) que se termine brusquement son journal; le reste de la relation est l'ouvrage de Lander.

Il resta vingt jours dans un état déplorable, Lander lui-même était accablé de la fièvre. Il soigna son maître, assisté de Pascoe ; au commencement d'avril, Clapperton succomba (1). Bello donna des ordres pour lui faire creuser une tombe au village de Yungabie, à 5 milles environ au Sud-Est de Soccatoo.

Lander était alors à 115 jours de la côte et dans la plus triste position...... Le sultan, après quelque hésitation, et sur la représentation d'un de ses officiers, lui permit de quitter Soccatoo.

Bello ayant renoncé à retenir Lander prisonnier, celui-ci partit pour Kano. Il se porta ensuite au Sud ; il vit à Damoy une chaîne de montagnes du côté de l'Est, habitée par les féroces Yamyans, que l'on dit être cannibales. A Foolindooshi, les habitans sont complètement nus et très-beaux hommes, ayant une forte ressemblance avec les Européens. Entre autres arbres, on y voit le cocotier. Nous nous ressouvenons qu'une des plus fortes objections contre la relation d'Adams était qu'il avait mentionné des cocotiers dans le voisinage de Temboctou, parce qu'ils ne peuvent croître à une certaine distance de la côte ; voilà un exemple, entre beaucoup d'autres, qu'il ne faut pas se hâter de rejeter légèrement les informations qui viennent de l'Afrique ( *Africa semper aliquid novi offert*, dit Pline) (2). Après avoir dépassé Dunrora, en se dirigeant toujours au Sud, et comme il quittait cette ville, R. Lander fut contraint, par quatre hommes armés, de retourner vers le roi de Zegzeg, sous prétexte de la guerre entre Bello et le roi de Funda (3). Lander reprit alors le chemin de Badagry, par la première route qu'il avait prise. Le vieux roi de Wawa fut enchanté de le voir, et étonné de le trouver encore en vie, après avoir habité parmi les barbares Fellâtahs. Il y resta quelques jours, pour

---

(1) Clapperton était né en 1788, dans le comté de Dumfries.

(2) Observation des rédacteurs du *Quart. Rev.*

(3) Si Lander eût continué dans cette direction, il aurait traversé la rivière de Jacoba, le Quorra et la rivière de Benin, et il aurait tout éclairci.

nettoyer sept fusils et trois pistolets qui avaient appartenu *aux hommes blancs noyés à Boussa :* ils portaient la marque de la *Tour.* Un mallem ou prêtre fit aussi à Lander un récit de la mort de Park. « Vous n'êtes pas, lui dit-il, le premier homme blanc que j'ai vu ; j'ai connu trois de vos compatriotes ; ils arrivèrent à Youri pendant la fête du Ramadân ; j'allai trois fois avec deux d'entre eux vers le sultan ; leur chef lui fit un riche présent composé d'un fusil, d'un habit écarlate, d'un coutelas, de miroirs, etc. . . . Il avait de longs bras et de grandes mains, avec des gants jusqu'au coude ; il portait un chapeau de paille blanc ; des bottes rouges ; il avait les cheveux et les yeux noirs, une barbe épaisse, et des moustaches de la même couleur. Le sultan d'Youri conseilla à vos compatriotes de continuer par terre, le chemin par eau étant impraticable à cause des rochers et de la cruauté des habitans des bords du fleuve. Ils refusèrent, disant qu'ils voulaient suivre le fleuve jusqu'à l'*eau salée.* Le sultan d'Youri apprit plus tard leur mort avec chagrin. »

Pendant tout le trajet de Kano à Badagry, Lander n'éprouva que de l'obligeance de la part des naturels, mais dans cette dernière ville, il fut un objet de haine et de mauvais traitement de la part des marchands d'esclaves Portugais. Heureusement le capitaine Morris vint le chercher de Whidah, et le conduisit à Cap Coast et de là en Angleterre, où il arriva le 3o avril 1828.

Ici finit l'extrait de la relation de Clapperton et de Richard Lander. Je le ferai suivre de plusieurs remarques.


REMARQUES *sur le second voyage de Clapperton, ainsi que sur le lieu et l'époque de la mort de Mungo-Park.*


Le deuxième voyage de Clapperton en Afrique, moins fécond en brillantes découvertes que la première expédition, a procuré cependant à la géographie des résultats importans, entre autres la découverte du *Quorra*, rivière tant de fois citée par les indigènes dans les rapports qu'ils ont faits aux voyageurs, et qui n'en était pas pour cela plus connue. On ignore encore à la vérité l'issue de ce grand courant, et l'on n'est pas non plus certain de sa source ; mais il en était de même lorsque le Dhiolibâ, le Niger de Mungo-Park, fut découvert par ce voyageur à Ségo, en 1795. Il avait seulement vu une grande rivière se dirigeant vers l'Est ; Clapperton n'a fait aussi que voir et traverser une grande rivière coulant vers le Sud-Sud-Est ; mais ces deux faits sont d'une égale importance pour la solution du problème relatif au cours des eaux dans l'Afrique centrale. Une seconde découverte est celle de la chaîne des montagnes de Kong, qui jusqu'ici, n'avaient été traversées et franchies par aucun explorateur. Nous savons à présent qu'entre la mer et le Quorra, si l'on doit s'en rapporter aux observations barométriques, sa hauteur n'excède pas 2500 pieds anglais. Il est probable que sur d'autres points son élévation est beaucoup plus grande. Fait-elle suite à la chaîne du Mandara ; ou bien sont-elles indépendantes l'une de l'autre, et livrent-elles passage, dans leur intervalle, à l'une des rivières dont l'issue est ignorée ? c'est ce qu'on ne peut tarder à savoir selon toute apparence, grâce aux informations précises de Clapperton sur la population qui habite le Yourriba, sur les mœurs et le caractère des habitans, si traitables en comparaison des Fellâtahs ou Foulahs du Soudan.

N'oublions pas de mentionner au nombre des découvertes les plus intéressantes de Clapperton, celle qu'il a faite des vestiges de son illustre devancier. On remarquera dans l'histoire de la géographie la coïncidence de deux découvertes ambitionnées si long-temps, et si souvent tentées ; une même année a vu retrouver les traces tant cherchées de l'intrépide Mungo-Park et celles de notre célèbre La Pérouse. C'est encore cette même année 1826 qui a vu périr les trois hommes qui ont fait les observations les plus précises sur la partie du continent africain, comprise depuis Benin jusqu'à la mer Méditerranée, et du lac central jusqu'aux bords du

Dhiolibâ. Denham, Clapperton et le major Laing ont succombé presqu'en même temps au milieu de leurs glorieux travaux, au moment où ils enrichissaient la science de notions exactes et positives, connaissances précieuses sans doute, mais achetées bien cher!

Si l'on compare et rapproche avec soin tous les rapports faits à Clapperton et à Richard Lander sur la catastrophe de Mungo-Park, par des hommes de pays, de cultes et d'intérêts différens, on voit que les faits principaux ont une conformité frappante, et l'on ne peut plus douter des circonstances qui ont accompagné ce triste événement. Avant d'arriver au point qui en fut le théâtre, Clapperton avait déjà entendu des récits concordans. Parvenu sur le lieu même, il en recueille de semblables; au-delà, mêmes rapports; enfin Lander, en revenant à la côte, reçoit encore les mêmes témoignages de la bouche des indigènes. Ainsi, quelle que dissidence qu'il y ait entre ces divers récits sur des points accessoires, le fond en est incontestable : cette observation n'est peut-être pas sans importance pour la discussion critique à laquelle on est quelquefois obligé de se livrer au sujet de la valeur des témoignages des indigènes africains.

Il résulte donc, soit des récits divers faits à Clapperton par le sultan même du pays de Boussa, par un envoyé du roi d'Youri, par un Fezzanien qu'il députa vers ce dernier, par un témoin oculaire et enfin par des gens du lieu; soit du rapport que Richard Lander a recueilli d'un mallem ou prêtre de Wawa, que ce sont les gens de Boussa ( et non ceux d'Youri ) qui ont pillé et tué M. Park, par les ordres du roi, et qu'on regardait les voyageurs comme l'avant-garde des Fellâtahs, occupés alors à ravager le Soudan; qu'il y avait dans la barque deux blancs et deux noirs (1); que le roi de Boussa fit retirer de la barque les livres du voyageur, entre autres deux livres grands et imprimés, des objets de prix, et

---

(1) Cette circonstance est d'accord avec le récit du départ de M. Park de Sansanding.

une provision de voyage en viandes ; que les livres et papiers ont passé dans les mains d'un imam de Boussa, Fellâtah de nation, parti depuis quelque temps ; qu'un livre semblable au journal de Clapperton a été donné dix ans auparavant à un marchand arabe (vers l'an 1816) ; que le roi avait encore deux des livres ( qu'il était disposé à donner ), une épée et un fusil venant de la même source (1) ; enfin que le sultan d'Youri, après avoir fait un bon accueil aux blancs, les détourna en vain de continuer le chemin par eau, à cause des périls de la navigation, et qu'il montra de l'affliction à la nouvelle de leur mort. — Ainsi plus de doute sur les circonstances principales de la fin de M. Park, et sur le lieu où il a péri avec le lieutenant Martyn ; mais on en ignore toujours l'époque (2). Ce qui importe le plus est que les papiers et le journal paraissent n'être pas entièrement perdus ; s'ils sont recouvrés un jour, nous avons l'espoir de connaître tout le pays compris entre Temboctou et Boussa : lacune très- importante à remplir, au moins autant que celle qui sépare le royaume d'Youri de la bouche du Benin, ou de la rivière de Calabar. C'est ainsi que de proche en proche, la géographie prendra possession de toute la partie S.-O. de l'Afrique septentrionale : il ne restera plus guère qu'à franchir l'intervalle qui sépare le Darfour du grand lac central, et à s'avancer au Sud des sources du Nil jusqu'à l'équateur, ou jusqu'au versant de la grande chaîne vers la mer des Indes, d'où s'écoulent le Loffih et d'autres grands fleuves (3)

---

(1) Selon Lander, 7 fusils et 3 pistolets ont été retirés de la barque.

(2) S'il est vrai que c'est pendant la fête de Ramadân que la catastrophe a eu lieu, il faudra, (comme il n'y a aucun doute que Park est parti de Sansanding en 1805), conclure que c'est vers le 4 janvier 1806, correspondant au grand Beyram, ou le 2 de Chaoual de l'an de l'hégire 1220. D'un autre côté, ce calcul ne s'accorde pas avec le récit d'Isaaco, qui suppose l'aventure postérieure de quatre mois au départ.

(3) D'après les renseignemens recueillis par feu Beaufort, et par M. Koenig, voyageur français. ( Bulletin, tome VI, p. 171 et suivantes. )

Le sort fatal de Clapperton se lie malheureusement trop bien avec la catastrophe du major Laing, pour que je passe ici sous silence les documens authentiques récemment parvenus en Europe, sur ce dernier événement. Les voici également extraits de l'intéressante publication qu'on vient de faire à Londres.

Après avoir été attaqué et grièvement blessé par les Touariks, le major Laing gagna Temboctou, où il fut bien traité par le gouverneur et resta cinq semaines, jusqu'à ce que son hôte reçut et lui communiqua un ordre de Laboo sultan de Massina, (Laing lui-même dit Bello), pour le faire sortir de la ville; trois jours après il la quitta, et fut bassement égorgé par son guide. On a deux lettres de Laing lui-même : l'une rend compte de l'attaque des Touariks, elle est du 10 mai 1826, l'autre est datée de Temboctou, le 21 septembre 1826; toutes deux sont adressées au consul Warrington, son beau-père.

Dans la première, le major décrit les circonstances de la trahison dont il a été victime; les nombreuses et mortelles blessures qu'il a reçues, et il annonce qu'il espère retourner en Angleterre, avec de très-importantes informations géographiques. Le major n'arriva que le 18 août à Temboctou; c'est ce qu'il nous apprend dans la lettre du 21 septembre, dont voici un extrait :

« J'espère quitter demain matin Temboctou de bonne heure ; j'avais déjà abandonné le projet de revenir sur mes pas, par Tripoli, et j'étais venu ici dans l'intention de me rendre à Jenné par eau ; mais ce projet est renversé, ma situation étant devenue très-fâcheuse par les mauvaises dispositions des Foulahs de Massina, qui ont, cette année, détruit l'influence des Touariks, et se sont faits les *patrons* de Temboctou; le sultan Bello a exprimé son hostilité envers moi, en termes non équivoques, dans une lettre que Sidy-Boubokar, cheykh de cette ville, a reçue de lui peu de jours après mon arrivée. Il avait eu vent de mon séjour à Temboctou , et comme un parti de Foulahs était attendu d'heure en heure , Sidy-Boubokar , homme excellent , a fortement pressé mon départ. . . . . Ma destination est Ségo, où j'espère arriver dans quinze jours ; la route est mauvaise , et je ne suis pas au bout des obstacles et des dangers. Je n'ai pas le temps de vous donner aucune description de Temboctou ; mais je vous dirai brièvement que sous tous les rapports , excepté pour l'étendue ( qui n'excède pas quatre milles de tour ), j'ai trouvé la ville ce que j'attendais. Kabra n'est qu'à cinq milles de distance ; c'est une jolie ville , située sur le bord même du fleuve. Je me suis occupé activement pendant mon séjour à rechercher des documens ( *records* ) sur la ville. J'en ai recueilli abondamment, et ce n'est pas sans un grand degré de satisfaction que je puis assurer que ma persévérance a été amplement récompensée. Je suis convaincu maintenant que mon hypothèse sur l'issue du Niger est exacte (1). Je vous écrirai en détail de Ségo. »

Cette lettre resta à Temboctou ; elle paraît avoir été apportée par le neveu d'un certain Babani , avec un document important écrit en arabe , et dont voici la substance :

« Un mois après l'arrivée à Temboctou de Laing et du jeune Moktar, le sultan Ahmed-ben-Mohammed-Laboo (2), prince des fidèles , souverain de ces contrées , a écrit à son lieutenant gouverneur Osmân (3) : l'objet de cette lettre est pour qu'il empêche le chrétien d'entrer dans la ville de Temboctou , et s'il y est, qu'on le fasse sortir du pays, attendu qu'il a reçu (lui, Laboo) une lettre de

---

(1) Savoir qu'il se termine dans la rivière de Volta , opinion que Clapperton a complètement réfutée. (*Quart. Rev.*)

(2) Il paraît que ce personnage est Fellâtah , et qu'il règne sur Massina, Temboctou , Jerry; c'est à lui qu'on suppose que Bello envoya ses instructions.

(3) Ce nom d'Osmân est le même que celui que M. Caillé donne au chef de Temboctou ; le voyageur français est également d'accord avec le major Laing pour l'étendue de la ville ; ces deux coïncidences remarquables n'é-- chapperont pas au lecteur attentif.

la tribu de Foodah, pour le mettre en garde contre les chrétiens et les empêcher d'entrer dans les pays musulmans du Soudan, laquelle lettre a été écrite dans l'Orient, et contient un récit des maux et impiétés qu'ils ont commis en Espagne (1) et dans les autres pays.

» Dès que le gouverneur Osmân eut reçu cette lettre, il ne put s'empêcher d'y obéir; il chargea en conséquence un cheykh des Arabes du désert, nommé Ahmed, fils d'Obéid Allah, fils de Réhal, de Soliman Barbooshi, de sortir de la ville avec le chrétien, et de le protéger jusqu'à la ville d'Aroân. Barbooshi, en conséquence, sortit avec lui de Temboctou, mais en arrivant à sa propre résidence, il le massacra lâchement, et prit possession de tout ce qu'il avait. »

Le document finit par ces mots : « Voilà ce que nous déclarons être à notre connaissance, ayant vu la lettre du prince des fidèles, le sultan Ahmed-Laboo. » Il a été revêtu dans Temboctou même de quinze signatures.

Un certain Bungola, se disant serviteur du feu major Laing, a été examiné et interrogé à Tripoli par le consul anglais. Il produit un écrit signé A. Gordon Laing (daté d'Azoad, le 2 juillet 1826), par lequel celui-ci le prend à son service pour un an. Il rapporte dans son interrogatoire qu'il est resté environ deux mois à Temboctou avec son maître ; qu'il a quitté la ville avec un kafila d'Arabes; qu'il a marché en ayant le soleil à la joue droite ; que leur destination était Sansanding ; qu'ils n'ont point trouvé d'eau, et que la nuit du troisième jour les Arabes du pays ont attaqué et tué son maître pendant son sommeil. Ils avaient des épées. Bungola a vu la tête séparée du corps; c'est le cheykh Burbasche qui l'a tué avec l'aide de ses domestiques noirs. Son maître avait deux chameaux chargés : les papiers étaient sur le chameau qui le portait, enfermés dans un sac ; il ne sait pas si les papiers ont été portés à Temboctou.

---

(1) Le mot *Espagne* est probablement ici pour l'*Inde*.

Les renseignemens qui précèdent sont confirmés plutôt que con-
tredits par le témoignage de notre compatriote René Caillé, c'est
ce qu'on verra dans sa relation ; j'en dirai autant de deux rapports
faits l'année dernière au gouverneur du Sénégal à Saint-Louis,
et par lesquels je terminerai ces remarques.

*Traduction littérale d'une lettre écrite à Saint-Louis, par un Maure de
Temboctou, communiquée par* M. PROSPER GIRARDIN.

« Sachez que Chems, chef de la tribu des Darmancours, m'a dit
qu'il a reçu une lettre de Saleh, fils de notre iman et de notre
cheïkh ( à Tischit ), relative au chrétien qui est allé à Ghadamès.
De cette ville, il a marché vers Touat, puis ensuite il s'est dirigé
vers la tribu du cheïkh Moktar ( chef des Kountas, à l'Est du
royaume des Dowiches ). Moyennant mille gros d'or, les gens de
cette tribu l'ont accompagné à Temboctou, où ils sont arrivés
après une route qui a duré 7 jours; ensuite ils l'ont quitté. Ce
blanc resta quelques jours à Temboctou, puis il en sortit. Il fut
rencontré par des Maures qu'on appelle Berabiches (1). Ceux-ci le
tuèrent, volèrent son argent, et laissèrent là les livres qu'il
possédait.

» Saleh dit que si les chrétiens veulent ces livres, ils n'ont qu'à
lui envoyer quelqu'un, et qu'il les lui remettra.

» Les Berabiches sont des Maures qui habitent dans les environs
de Temboctou et d'Araouân.

» Le roi de Temboctou se nomme لـخـاش ( *el-Khâch* ). »

*Rapport d'un Marabout au gouverneur du Sénégal à Saint-Louis,
communiqué par* M. ROGER.

« En venant de mon pays pour me rendre ici, j'ai passé à Temboctou : là j'ai appris qu'un blanc qui y avait résidé quelques jours,
avait été assassiné en se rendant à Ségo, et voici ce qu'on m'a

---

(1) Ce récit ne contredit pas celui de la relation de Clapperton, quant au
nom de la tribu, Berabich pouvant être le pluriel de Barbouchi.

raconté, dans cette ville, des circonstances de ce malheureux événement.

» Cet Européen qui était parti de Tripoli et avait manifesté l'intention de se rendre dans la Sénégambie, voyageait avec un juif de Barbarie, qui lui servait d'interprète; il avait à sa suite quatre domestiques noirs, et possédait neuf chameaux chargés de provisions et de marchandises. Il était arrivé à quelques journées de Temboctou avec sa caravane, lorsqu'il fut joint par une autre composée de Maures *touat* ou *touaris*. Ceux-ci lui demandèrent des présens, et ensuite à faire des échanges. L'Anglais y consentit et fit des affaires avec cette tribu; mais pendant la nuit ils s'introduisirent dans sa tente et l'attaquèrent. Le blanc et ses domestiques se défendirent bravement; quoique blessé au bras, le voyageur parvint à s'échapper sur un des chameaux, il fut rejoint peu après par un de ses gens qui en amena deux autres; ils gagnèrent heureusement Temboctou, et s'y réfugièrent. Mais les Touaris les y poursuivirent et vinrent demander au roi de cette ville de leur livrer le blanc qui avait immolé plusieurs de leurs compagnons. Ce malheureux fut obligé de fuir ses persécuteurs, c'est vainement qu'il prit un chemin détourné pour se rendre à Ségo : il fut de nouveau poursuivi et atteint par ces scélérats qui le massacrèrent.

» Il m'eût été facile d'acquérir des Touaris les livres qui appartenaient à cet Européen, je n'ai pas osé le faire, dans la crainte d'être soupçonné d'avoir pris part à cet assassinat (1). »

---

(1) On annonce la prochaine publication de la traduction du deuxième voyage de Clapperton, par les soins de MM. Eyriès et de Larenaudière, 2 vol. in-8° avec la carte du voyage, un plan et le portrait de Clapperton; éditeur, M. Arthus Bertrand.

EVERAT, IMPRIMEUR DE LA SOCIÉTÉ DE GEOGRAPHIE, RUE DU CADRAN, N° 16.

CARTE DES ROUTES
suivies par
LE CAPITAINE CLAPPERTON,
DE BADAGRY A SOCCATOO,
et par son domestique
RICHARD LANDER,
DE KANO à la Riv. DE QUORRA
dans une direction différente et plus à l'Est.
tirée de la Relation de la 2.me expédition de Clapperton
dans l'intérieur de l'Afrique.
Longitude Est. de Paris
Lith. de Engelmann & C.
SOUDAN
DE BORGOO
Cap Formose

www.ingramcontent.com/pod-product-compliance
Ingram Content Group UK Ltd.
Pitfield, Milton Keynes, MK11 3LW, UK
UKHW021029120726
13693UKWH00005B/2271